BEI GRIN MACHT SICH IHR WISSEN BEZAHLT

- Wir veröffentlichen Ihre Hausarbeit,
  Bachelor- und Masterarbeit

- Ihr eigenes eBook und Buch -
  weltweit in allen wichtigen Shops

- Verdienen Sie an jedem Verkauf

Jetzt bei www.GRIN.com hochladen und kostenlos publizieren

Stefanie Hiller

„Wir arbeiten mit dem Geobrett" - Ein handlungsorientierter Umgang mit dem Geobrett - Klassenstufe 2

„Wir entdecken verschiedene Dreiecke am Geobrett."- Eine aktiv-entdeckende Auseinandersetzung mit der ebenen Form „Dreieck" durch forschenden Umgang mit dem 3x3 Geobrett

GRIN Verlag

Bibliografische Information der Deutschen Nationalbibliothek:

Die Deutsche Bibliothek verzeichnet diese Publikation in der Deutschen National-
bibliografie; detaillierte bibliografische Daten sind im Internet über http://dnb.d-
nb.de/ abrufbar.

Impressum:

Copyright © 2009 GRIN Verlag, Open Publishing GmbH
Druck und Bindung: Books on Demand GmbH, Norderstedt Germany
ISBN: 978-3-640-75510-3

Dieses Buch bei GRIN:

http://www.grin.com/de/e-book/161652/wir-arbeiten-mit-dem-geobrett-ein-hand-
lungsorientierter-umgang-mit

GRIN - Your knowledge has value

Der GRIN Verlag publiziert seit 1998 wissenschaftliche Arbeiten von Studenten, Hochschullehrern und anderen Akademikern als eBook und gedrucktes Buch. Die Verlagswebsite www.grin.com ist die ideale Plattform zur Veröffentlichung von Hausarbeiten, Abschlussarbeiten, wissenschaftlichen Aufsätzen, Dissertationen und Fachbüchern.

Besuchen Sie uns im Internet:

http://www.grin.com/

http://www.facebook.com/grincom

http://www.twitter.com/grin_com

Studienseminar für Lehrämter an Schulen Hamm

- Seminar für das Lehramt GHR (Primarstufe) -

Schriftliche Unterrichtsplanung

zur 1. unterrichtspraktischen Prüfung gemäß § 34 (4) OVP

im Fach Mathematik

vorgelegt von:	Stefanie Hiller			
Datum:	20.11.2009			
Zeit:	9:00 Uhr- 9:45 Uhr			
Schule:				
Ort:				
Telefon:				
Klasse:	2a	15 Schülerinnen	10 Schüler	davon ein Schüler im GU
Schulleiterin:				
Ausbildungskoordinatorin:				
Fachleiterin:				
Hauptseminarleiter:				

Mitglieder des Prüfungsausschusses:

Vorsitzender:	
Bekannter Seminarausbilder:	
Fremde Seminarausbilderin:	
Schulvertreterin:	

1   Thema der Reihe

„Wir arbeiten mit dem Geobrett."- Ein handlungsorientierter Umgang mit dem Geobrett durch Sammlung vielfältiger Erfahrungen zu ebenen Figuren, deren Eigenschaften und der Kongruenz von Flächen zur Förderung des räumlichen Orientierungsvermögens und der Weiterentwicklung der visuellen Wahrnehmungsfähigkeit.

2   Thema der Einheit

„Wir entdecken verschiedene Dreiecke am Geobrett."- Eine aktiv- entdeckende Auseinandersetzung mit der ebenen Form „Dreieck" durch forschenden Umgang mit dem 3x3 Geobrett, indem die Kinder möglichst viele voneinander verschiedene Dreiecke spannen und miteinander vergleichen mit dem Ziel der Sammlung weiterer Erfahrungen zur Kongruenz von Flächen sowie der Förderung des räumlichen Orientierungsvermögens und der Weiterentwicklung der visuellen Wahrnehmungs-fähigkeit.

3   Aufbau der Reihe

1. Einheit: „Wir lernen das Geobrett kennen und experimentieren." –
Kennen lernen des Arbeitsmediums `Geobrett´ durch Erforschen und Bestimmen der Eigenschaften, indem frei experimentiert werden darf und bekannte geometrische Formen gespannt und verglichen werden sollen mit dem Ziel, die Arbeitstechnik kennen zu lernen und die geometrischen Grunderfahrungen zu wiederholen.

2. Einheit: „Unsere Erfinderbörse" –
Übertragung der gespannten Figuren in die ikonische Ebene, indem die Schülerinnen und Schüler im Rahmen einer Erfinderbörse verschiedene Spann-Figuren sammeln und auf ein Punktefeld übertragen damit die Arbeitstechnik weiter vertieft wird, die Möglichkeiten und Grenzen der Materials erkannt werden und die Kreativität sowie die visuelle Wahrnehmungsfähigkeit gefördert werden.

3. Einheit: „Wir spannen Figuren nach." –
Ordnen und Nachspannen von Figuren aus der Erfinderbörse sowie Nachspannen weiterer Figuren am Geobrett, indem die Schülerinnen und Schüler durch

Ausprobieren erfahren, dass das Nachspannen um viele Nägel herum anspruchsvoller ist, als um weniger Nägel damit das räumliche Vorstellungsvermögen und die visuelle Wahrnehmungsfähigkeit gefördert werden.

4. Einheit: „Wir spielen das Formen-Spann-Spiel." –
Einführung von Bezeichnungen für die Haken am Geobrett und damit Anbahnen des Ablesens von Koordinaten, indem Spanndiktate handelnd am Geobrett und anschließend in der Vorstellung geübt werden mit dem Ziel, die Kommunikation über Figuren zu erleichtern, Aufgabenstellungen mit einem höherem Abstraktionsgrad zu stellen (symbolisch) und damit das räumliche Wahrnehmen und Denken zu fördern.

5. Einheit: „Wir entdecken verschiedene Quadrate am Geobrett." –
Eine aktiv- entdeckende Auseinandersetzung mit der ebenen Form „Quadrat" durch forschenden Umgang mit dem 4x4 Geobrett, indem die Kinder möglichst viele voneinander verschiedene Quadrate spannen und miteinander vergleichen mit dem Ziel der Sammlung erster Erfahrungen zur Kongruenz sowie der Förderung des räumlichen Orientierungsvermögens und der Weiterentwicklung der visuellen Wahrnehmungsfähigkeit.

6. Einheit: „Wir entdecken verschiedene Dreiecke am Geobrett." –
Eine aktiv- entdeckende Auseinandersetzung mit der ebenen Form „Dreieck"
durch forschenden Umgang mit dem 3x3 Geobrett, indem die Kinder möglichst
viele voneinander verschiedene Dreiecke spannen und miteinander
vergleichen mit dem Ziel der Sammlung weiterer Erfahrungen zur Kongruenz
von Flächen sowie der Förderung des räumlichen Orientierungsvermögens
und der Weiterentwicklung der visuellen Wahrnehmungsfähigkeit.

7. Einheit: „Wir spannen weiter und arbeiten in der Geobrett- Lernecke." –
Weitere Arbeit an verschiedenen Aufgabenstellungen wie Nachspannen, Verändern, Spiegeln usw. durch die selbstständige Auswahl der Angebote in einer `Lernecke´ mit dem Ziel, bereits erworbenes Wissen zu vertiefen und erweitern sowie die Selbstständigkeit und das räumliche Vorstellungsvermögen weiter zu fördern.

4   Kernanliegen der Einheit

Anbahnen eines ersten Basiswissens über Kongruenz bzw. Inkongruenz von geometrischen Figuren sowie Erlangung von Kenntnissen zu Überprüfungsverfahren der Deckungsgleichheit, indem die Schülerinnen und Schüler möglichst viele unterschiedliche Dreiecke auf dem 3x3 Geobrett spannen, anschließend vergleichen und erkennen, dass kongruente Dreiecke auf verschiedenen Positionen gespannt werden können.

4.1   Zentraler Arbeitsauftrag

Finde möglichst viele verschiedene Dreiecke auf dem Geobrett.

4.2   Reflexionsauftrag bzw. Leitimpuls für die Reflexionsphase

Wann ist ein Dreieck gleich und wann verschieden?

5   Begründung des Kernanliegens aus didaktischer und methodischer Sicht

5.1   Didaktische Analyse

Nach Radatz & Rickmeyer zählt das handelnde (Lernen) sowie entdeckende Lernen zu den Prinzipien zur Gestaltung des Geometrieunterrichts in der Grundschule.[1] Die Kinder sollen in dieser Unterrichtsstunde anhand des Geobrettes ihr *Wahrnehmungs- , Vorstellungs-* und *Darstellungsvermögen* erweitern[2], so dass ihnen Handlungserfahrungen und praktische Tätigkeiten, wie hier das Spannen, ermöglicht werden, indem sie verschiedene Dreiecke finden und entdecken. Denn „versteht man Denken im Sinne Piagets als verinnerlichtes Handeln (...), dann wird die Bedeutung des konkreten Handelns mit geometrischen Elementen besonders im Vor- und Grundschulalter deutlich"[3]. Eine Verinnerlichung geometrischer Begriffe kann im

---

[1] Vgl.: Radatz & Rickmeyer 1991, S. 18.
[2] Vgl.: Gawlista 2000, S. 16.
[3] Vgl.: Ebd. S. 8.

Grundschulalter nur über *Handlungserfahrungen* und über den Umgang mit konkretem Material erfolgen.[4]

Diese Forderungen kann das Geobrett erfüllen. In der Auseinandersetzung mit dem Formen- Spann- Spiel im Einstieg, dem Spannen von geometrischen Figuren (hier: Dreieck), sowie dem Nachvollziehen der Deckungsgleichheit entwickeln und trainieren die Schülerinnen und Schüler ihre visuelle Wahrnehmungsfähigkeit. Im Umgang mit dem Geobrett vertiefen und erweitern die Kinder ihre Formenkunde; die Entwicklung des Begriffs „Kongruenz" wird gestützt, da alle Dreiecke hinsichtlich der Deckungsgleichheit überprüft werden können. Durch Ausprobieren, Testen und Nachbilden werden Dreiecke erstellt und gefunden, also ist in dieser Einheit auch der *induktive Ansatz* vorzufinden.[5]

Das 5x5 Geobrett wird in dieser Unterrichtsstunde in das 3x3 Geobrett „verkleinert", indem der benötigte Bereich mit einem Moosgummiwinkel abgespannt wird. *Senftleben*[6] betont, dass das kleine Neuner- Geobrett von allen Geobrettern das praktikabelste Lehrmittel für den Geometrieunterricht der Grundschule darstellt, weil nur hier die Lösungsvielfalt gut überschaubar bleibt. Der Umgang mit einem Geobrett ist zudem für eine Vielzahl von Inhalten und Zielen des Geometrieunterrichts geeignet. Es kann sowohl für offene Aufgabenstellungen als auch für vielfältige zielgerichtete Aktivitäten, wie das ermitteln von Flächeninhalt und Umfang vorgegebener Figuren, eingesetzt werden.[7]

„Ein Wechsel der Repräsentationsebenen unterstützt wesentlich Begriffsbildung und Erkenntnisprozesse bei den Kindern, was durch die Forderung einer Beschreibung bzw. von verbalen Kommentierungen von Ergebnissen noch weiter verstärkt werden kann." Dieser zentralen Aussage nach Senftleben[8] wird in der kompletten Unterrichtsreihe Rechnung getragen, indem die Schülerinnen und Schüler die gespannten Figuren aufzeichnen (Umsetzung in die ikonische Repräsentationsebene). Ebenso sind umgekehrte Aufgaben in dieser Reihe realisiert. Abbildungen im „Geobrett- Heft" der Kinder werden beschrieben und nachgespannt. Handlungen (enaktive Ebene) und Darstellung (ikonische Ebene) werden somit unmittelbar miteinander verknüpft.[9]

---

[4] Vgl. Radatz & Rickmeyer 1991, S. 12.
[5] Vgl. Radatz & Schipper 1998, S. 142.
[6] Vgl.: Senftleben 2001, S. 3.
[7] Vgl.: Glaser & Wegener 2008, S. 37.
[8] Vgl.: Senftleben 2001, S. 3.
[9] Vgl.: Franke 2001 , S. 181.

5.2   Lehrplan

Die heutige Stunde ist dem inhaltsbezogenen Bereich „Raum und Form" zuzuordnen. So werden im Lehrplan Mathematik des Landes Nordrhein-Westfalen für die Schuleingangsphase folgende Ziele genannt, die auch in dieser Einheit realisiert werden: „Schülerinnen und Schüler untersuchen die geometrische[n] Grundform[en] [...] Dreieck [...], benennen sie und verwenden Fachbegriffe wie „Seite" und „Ecke" zu deren Beschreibung", „Schülerinnen und Schüler stellen ebene Figuren her durch [...] Spannen auf dem Geobrett" und „Schülerinnen und Schüler zeichnen Linien, ebene Figuren und Muster aus freier Hand und mit Hilfsmitteln wie Lineal, Schablone, Gitterpapier".[10]

Durch die abschließende Reflexion üben sie mathematisch zu *kommunizieren*[11], da sie mit den Fachbegriffen begründen, wann ein Dreieck gleich bzw. verschieden ist. Sie *argumentieren*[12], indem das Überprüfungsverfahren zur Deckungsgleichheit angewandt und nachvollzogen wird.

Des Weiteren wird auch die prozessbezogene Kompetenz *Problemlösen* realisiert, indem die Kinder Vermutungen über die Anzahl der verschiedenen Dreiecke anstellen. Sie bekommen die Möglichkeit einen Trick zu finden, der ein systematisches Finden von unterschiedlichen Dreiecken ermöglicht. In der Arbeitsphase und in der Reflexion prüfen sie die Kongruenz durch den direkten Vergleich[13] mit Hilfe ausgewogener Darstellungsformen.[14]

Durch das *Ordnen* der Dreiecke hinsichtlich der Unterschiede wird die Vorgehensweise des Ordnens entwickelt und gefördert.[15] Im handelnden Umgang mit dem Geobrett lernen die Schülerinnen und Schüler bei der Bearbeitung von Aufgaben zu *kooperieren*[16] (z. B. sich beim Spannen und Zeichnen abwechseln). Die Arbeit am Geobrett erfüllt auch die Anforderungen des Lehrplans im Teilbereich *Raumorientierung und Raumvorstellung*. Die Schülerinnen und Schüler schulen ihre Raumorientierung und –vorstellung, indem sie im handelnden Umgang Grunderfahrungen zu Eigenschaften und Maßen von ebenen Figuren, sowie zu den

---

[10] Vgl.: Lehrplan 2008, S. 64 f.
[11] Vgl.: Lehrplan 2008, S. 60.
[12] Vgl.: Ebd.
[13] Vgl.: Ebd., S. 57.
[14] Vgl.: Ebd., S. 55.
[15] Vgl.: Ebd., S. 65.
[16] Vgl.: Ebd., S.15.

Auswirkungen geometrischer Operationen sammeln. Hierbei entwickeln sie gezielt ihre zeichnerischen Fertigkeiten.[17]

5.3 Lernvoraussetzungen der Schülerinnen und Schüler

Die Kinder haben im letzten Schuljahr zahlreiche Erfahrungen im Lernbereich Geometrie sammeln können. Sie kennen die geometrischen Formen Kreis, Dreieck, Rechteck, Quadrat sowie Parallelogramm und können diese hinsichtlich ihrer Eigenschaften unterscheiden. Zudem haben sie den Flächeninhaltsbegriff angebahnt, durch Auslegen der Fläche von einfachen Figuren.

Bereits im 1. Schuljahr haben die Schülerinnen und Schüler Legestrategien des Tangrams kennen gelernt und damit ihre Raumvorstellung gefördert, indem sie handelnd und experimentierend mit dem Spiel umgegangen sind. Im 2. Schuljahr, im Rahmen einer Reihe zum Größenbereich „Messen" wurde der richtige Umgang mit dem Lineal thematisiert.

Das Geobrett war den Kindern zu Beginn der Reihe unbekannt. Die Schülerinnen und Schüler haben vor dem Nachspannen von Figuren, der Notation auf einem Punkteraster und dem Spannen von Figuren im Kopf das Geobrett durch experimentellen Umgang kennen gelernt. In einer Erfinderbörse hatten sie dann die Möglichkeit, frei Figuren zu spannen und diese auf die ikonische Ebene zu übertragen. Zudem haben sie bereits erste Erfahrungen zur Kongruenz sammeln können, indem sie möglichst viele verschiedene Quadrate gefunden und miteinander verglichen haben. Das Vorwissen über die geometrische Form Dreieck; die Fachbegriffe Ecke, Seite und Fläche, das Wissen um die „Koordinaten" der Haken im Geobrett wird in dieser Einheit als Lernvoraussetzung bei den Kindern vorausgesetzt. Den Schülerinnen und Schülern ist die Sozialform der Partnerarbeit in der Weise vertraut, dass sie mit ihrem Sitznachbarn zusammen arbeiten und sich gegenseitig unterstützen.

---

[17] Vgl.: Ebd., S. 58.

Individuelle Lernvoraussetzungen

Merkmal	Konsequenz
XX nimmt am GU Unterricht teil und wird zieldifferent unterrichtet.	Ihm kommt die Sozialform der Partnerarbeit entgegen. Ich werde die Zusammenarbeit gezielt beobachten und bei Problemen den Partner darum bitten, die Notation der gespannten Figur für Bajro zu übernehmen.
Bei **XX** wurde „Dyskalkulie" (Ich benutze den Begriff Rechenschwäche.) diagnostiziert. Sie hat insbesondere in Mathematik eine sehr geringe Konzentrationsspanne und fällt durch trotziges und empathieloses Verhalten auf. XX wiederholt das 2. Schuljahr und hat das Thema „Geobrett" bereits behandelt. Sie hat dennoch große Probleme im räumlichen Vorstellungsvermögen und in den Lagebeziehungen.	Bei eventuell auftretenden Fragen bitte ich sie, sich an erster Stelle an ihren Partner zu wenden. Außerdem werde ich diese Gruppe gezielt im Auge behalten, und Hilfestellungen geben. Bei Schwierigkeiten in der Partnerarbeit werde ich sie an die Klassen- und Gruppenregeln erinnern.
XX und **XX** fallen gelegentlich durch unruhiges Verhalten auf, durch das sie ihre MitschülerInnen stören. Sie bringen häufig Äußerungen in die Unterrichtssituation ein, ohne sich zu melden.	Ich werde die Kinder gezielt auf ihr Verhalten ansprechen. Sollten die SchülerInnen spontane Äußerungen tätigen, werden diese an die Einhaltung der Regeln erinnert.
XX und **XX** sind im Unterricht aufgrund ihres Aufmerksamkeitsdefizits oft träumerisch und bekommen Arbeitsaufträge nicht mit.	Der handelnde Umgang mit dem Geobrett und die Motivation an diesem Thema kommen diesen Kindern entgegen.
XX und **XX** haben teilweise Probleme in ihrer Feinmotorik sowie der Raum-Lage-Orientierung. Ihnen fällt es schwer, die	Ich werde die Zusammenarbeit gezielt beobachten und bei Problemen den Partner darum bitten, die Notation der

gespannten Figuren mit einem Lineal in das Punkteraster zu übertragen.	gespannten Figur für diese Kinder zu übernehmen.

5.4 Didaktische Reduktion

Eine didaktische Reduktion findet inhaltlich dadurch statt, dass die Schülerinnen und Schüler nicht alle möglichen verschiedenen Dreiecke finden sollen, da diese Aufgabe eine natürliche Differenzierung darstellt. Diese ergibt sich daraus, dass die Kinder zu einer unterschiedlichen Anzahl von Lösungen kommen werden und nicht jedes Kind systematisch an diese Aufgabenstellung geht und gehen soll. Das geschickte Vorgehen wird in dieser Einheit noch nicht als grundlegend angesehen, da zunächst das Raumvorstellungsvermögen weiter vertieft werden muss.

Der fokussierte Inhalt, nämlich der handelnde Umgang (Anwendungsorientierung) mit dem Geobrett ist sehr kindgemäß, da dieser dem mathematischen Prinzip der Anschauung gerecht wird. Außerdem sind alle Kinder in der Lage, am gemeinsamen Gespräch teilzunehmen, da alle ihre Arbeitsergebnisse in der Reflexion einbringen.

Im Hinblick auf die unterschiedlichen Lernvoraussetzungen der Schülerinnen und Schüler ergeben sich grundlegende und erweiterte Anforderungen. Als grundlegende Anforderung wird von den Schülerinnen und Schülern erwartet, dass sie sich mit der Aufgabe befassen und schließlich mindestens drei Dreiecke finden und auf das Punkteraster übertragen. Im gemeinsamen Vergleich sollen sie unterschiedliche bzw. gleiche Dreiecke erkennen und die Begründung nachvollziehen können.

Die erweiterte Anforderung besteht darin, dass die Kinder die insgesamt acht verschiedenen Dreiecke finden und dabei bereits systematisch vorgehen. Diese Kinder gewinnen dabei Einblicke in die Kongruenz von Dreiecken, indem sie ihre Entdeckungen begründen.

5.5 Methodische Analyse

In meiner handlungsorientierten Unterrichtsreihe zum Thema „Geobrett" soll das Kernanliegen der Einheit durch *entdeckendes Lernen* als auch durch *erfahrungsbezogenen Unterricht* realisiert werden, da die Schülerinnen und Schüler dazu angeleitet werden, selbstständig und handelnd verschiedene Dreiecke zu entdecken. Dieses Vorgehen lässt sich damit begründen, dass die Verinnerlichung geometrischer Begriffe im Grundschulalter über Handlungserfahrungen, über den Umgang mit vielfältigen, konkreten Materialien und Modellen erfolgen muss. Die

Kinder sollen Entdeckungen machen, ihr Wissen konstruieren, neue Fähigkeiten anwenden und Geometrie betreiben.[18] Aus diesem Grund herrscht in der gesamten Einheit die enaktive und ikonische Ebene vor. Für den Einstieg habe ich das ritualisierte kopfgeometrische Spiel „Formen-Spann-Spiel" gewählt, da durch eine regelmäßige Übung ein Lernerfolg bezüglich des räumlichen Wahrnehmens und Denkens besonders in diesem Bereich von mir beobachtet werden konnte und eine Darstellung auf der symbolischen Ebene damit bereits angebahnt wird. Exemplarisch wird mit dieser Übung und Wiederholung bereits ein Dreieck gespannt, so dass Unklarheiten ausgeschlossen werden können

Ich habe mich dagegen entschieden, dass die Kinder in der Arbeitsphase ihre Dreiecke ausschneiden und miteinander vergleichen, da dies den Zeitrahmen sprengen würde. Zudem ist es sinnvoll, bereits vorhandenes Material (hier: das transparente Geobrett) zu nutzen. Ein durchsichtiges Geobrett bietet sich an, da sie als Modell am Tageslichtprojektor benutzt werden können und Figuren auf zwei verschiedenen Brettern durch Übereinanderlegen direkt vergleichbar sind.

Die zentrale Sozialform in dieser Einheit stellt die Partnerarbeit dar, weil die geometrische Sprachkultur und soziale Kompetenz gefördert werden soll und aus diesem Grund soll auch die Kommunikation mit dem Partner nicht unterbunden werden. Insbesondere Schülerinnen und Schüler mit Problemen im Bereich der Raum-Lage- Orientierung sowie in der Feinmotorik können so Hilfen und Unterstützung von ihren Mitschülern bekommen. Die Sitzordnung wurde ganz bewusst gestaltet und festgelegt, weil damit ein leistungsschwächeres Kind von einem leistungsstarken Kind profitieren kann.

Hinsichtlich der quantitativen Differenzierung können die Kinder an einer Geobrett-Kartei und in ihrem Geobrett-Buch aus den vorangegangenen Einheiten weiter arbeiten, so dass Zusatzmaterialien und damit weitere geometrische Erfahrungen von schnellen Schülerinnen und Schülern gemacht werden können. Eine weitere Differenzierung hinsichtlich der Qualität ist nicht notwendig, da die Aufgabenstellung an sich bereits eine natürliche Differenzierung enthält, da jedes Kind in seinem Tempo und mit seinem Vermögen die Dreiecke auf dem Geobrett entdecken kann. Die Schülerinnen und Schüler können durch vielfältiges Probieren zu einer Lösung kommen, oder aber sie gehen geschickt und systematisch vor, indem sie von einem Nagel aus alle Dreiecke finden.

---

[18] Vgl.: Radatz & Rickmeyer 1991, S. 12.

5.6 Teilziele des Kernanliegens

5.6.1 Sachkompetenz

Die Schülerinnen und Schüler sollen entdeckend, handelnd und kreativ weitere **Erkenntnisse zur Kongruenz von Dreiecken sammeln**, indem sie möglichst viele voneinander verschiedene Dreiecke finden, gespannte Dreiecke zeichnen und miteinander vergleichen damit das **räumliche Vorstellungsvermögen** und die Weiterentwicklung der **räumlichen Wahrnehmungsfähigkeit** gefördert werden. Zudem sollen sie **Lagebeziehungen bewusst wahrnehmen** durch die Erkenntnis, dass gleiche Figuren in anderer Lage gespannt werden, um die **visuomotorische Koordination** zu fördern. Außerdem lernen sie **mathematisch zu argumentieren**, indem sie die Verschiedenheit/Gleichheit der Dreiecke beschreiben und begründen.

5.6.2 Methodenkompetenz

Die Schülerinnen und Schüler sollen den **sachgerechten Umgang mit dem Geobett** weiter vertiefen, indem sie zielsicher und exakt verschiedene Dreiecke spannen sowie diese möglichst genau auf ein Punkteraster übertragen, um die **motorischen und zeichnerischen Fähigkeiten** zu üben und weiterzuentwickeln. Außerdem erweitern sie ihre **Reflexionsfähigkeit** im gemeinsamen Gespräch durch Beschreiben, Begründen und Diskutieren der Vorgehensweisen und Lösungen.

5.6.3 Sozialkompetenz

Die Schülerinnen und Schüler arbeiten sinnvoll und produktiv mit ihrem Partner und werden dabei in ihrer **Kooperationsfähigkeit** gefördert. Sie gehen rücksichtsvoll und arbeitsteilig miteinander um, indem sie sich beim Spannen und Zeichnen gegenseitig abwechseln.

5.6.4 Selbstkompetenz

Die Schülerinnen und Schüler sollen **Vertrauen in ihre Fähigkeit zum Problemlösen** erlangen und ihr **Selbstbewusstsein stärken**, indem sie gemeinsam mit dem Partner die Aufgabenstellung bearbeiten, selbst entscheiden wie sie beim Spannen der Dreiecke vorgehen und in ihrem eigenem Lerntempo arbeiten.

6 Verlaufsplanung der Einheit

Phasen	Handlungsschritte	Methodischer Kommentar
Einstieg *1 min*	Die LAA begrüßt die SchülerInnen und den Besuch im **Sitzkreis**. Ein Kind stellt das Datum und die Tagestransparenz vor. Ein Kind stellt den Stundenverlauf vor.	Durch den Sitzkreis haben alle Kinder eine gute Sicht auf die Materialien. Der Kreis lenkt den Blick der Kinder auf die Arbeitsaufträge. Die LAA hat so alle SchülerInnen gut im Blick.
	Im **Sitzkreis** wird das ritualisierte „*Formen-Spann-Spiel*" gespielt. Die SchülerInnen wählen hierzu zwischen drei Varianten der Vorgehensweise: - die Figur während der Anweisung direkt am Geobrett mitspannen (leichte Variante) - die Anweisung mit dem Finger auf dem Geobrett nachfahren (mittelschwer) - versuchen, die Anweisung in der Vorstellung nachzuvollziehen (anspruchsvollste Form)	Durch regelmäßige **kopfgeometrische Übungen** wird das räumliche Wahrnehmen und Denken gefördert. Die LAA kann so Lernerfolge gezielt beobachten. Die SchülerInnen dürfen die Vorgehensweise frei wählen, damit sie in ihrer Selbstständigkeit gefördert werden und so eigene Könnenserfahrung erleben. Der Rätselcharakter motiviert die Kinder und stimmt gleichzeitig auf das Thema der Stunde ein, da es sich bei der entstandenen Figur um eines der acht möglichen Dreiecke handelt.
Problemstellung *10 min*	Das Problembewusstsein der Kinder wird geweckt, indem die LAA behauptet, dass die Klassenlehrerin auch ein Dreieck gespannt hat, welches sie nicht zeigen möchte. Zudem meint die LAA, dass dieses Dreieck anders aussieht. Die SchülerInnen vermuten, was an einem Dreieck verschieden sein könnte. (Größe, Form etc.)	

Phase / Zeit	Verlauf	Kommentar
	Die LAA nennt das Ziel der Einheit und bettet die Stunde damit in den Gesamtzusammenhang der Reihe ein. Die SchülerInnen schätzen wie viele verschiedene Dreiecke es gibt. Gemeinsam wird der Arbeits- und Reflexionsauftrag geklärt.	Ein Tipp von der LAA, dass es *mehr als sechs Dreiecke* gibt, soll die Kinder zum Finden vielfältiger Lösungen motivieren.
Entdeckungs- und Erforschungsphase 20 min	In **Partnerarbeit** spannen die SchülerInnen möglichst viele verschiedene Dreiecke auf dem 3x3 Geobrett und zeichnen diese auf ein Punkteraster auf. Zusätzlich wird eine Geobrett-Kartei zur Verfügung gestellt, an der die schnellen SchülerInnen offen weiterarbeiten können. Nach dem Signalton wird jedes Pärchen dazu aufgefordert, die Notationen mit in den Kreis zu bringen.	Die Partnerarbeit ermöglicht einen effektiven Austausch über den Lerngegenstand und damit die Verbalisierung der Erkenntnisse über die Verschiedenheit von Dreiecken. Durch das Aufzeichnen werden Handlung und Darstellung miteinander und ohne Anschauungsverluste verbunden und die Ergebnisse festgehalten. Die LAA steht bei aufkommenden Fragen zur Verfügung. Die LAA achtet darauf, dass die Notation auf dem Punkteraster korrekt erfolgt.
Reflexion 13 min	Im **Sitzkreis** weist die LAA noch einmal auf den Reflexionsauftrag hin. Zu Beginn erläutern alle Kinder, wie viele verschiedene Dreiecke sie gefunden haben. Einige SchülerInnen heften ihre gefundenen Lösungen an die Pinnwand. Die SchülerInnen begründen wann ein Dreieck gleich und verschieden ist, indem sie die Dreiecke	Diese Form des Zusammentragens hat den Vorteil, dass alle Kinder einbezogen werden. Im gemeinsamen Gespräch beschreiben, begründen und diskutieren die SchülerInnen ihre Vorgehensweise. Die gespannten Dreiecke auf dem transparenten Geobrett dienen als Beweis, indem diese deckungsgleich auf scheinbar

	sortieren, vergleichen und bei Uneinigkeit Dreiecke nachspannen und direkt aufeinander legen.	verschiedene Dreiecke gelegt werden können.
Ergebnissicherung *1 min*	Die LAA präsentiert nun das Dreieck der Klassenlehrerin. Die SchülerInnen sollen nun durch Vergleich herausfinden, ob das Dreieck gefunden wurde. Die LAA gibt Ausblick auf die nächste Stunde.	In dieser Phase wenden sie somit ihre erworbenen Kenntnisse zur Überprüfung der Deckungsgleichheit direkt an.

7 Literatur

- **Franke, Marianne:** Didaktik der Geometrie. Heidelberg: Spektrum Akademischer Verlag 2000.

- **Glaser, Birgit; Wegener, Aysha:** Die Reise über das Geobrett. In: Grundschulunterricht Mathematik 4/2008, S. 37- 41.

- **Radatz, Hendrik & Rickmeyer, Knut:** Handbuch für den Geometrieunterricht an Grundschulen. Hannover: Schroedel Verlag 1991.

- **Radatz, H.; Schipper, W.; Dröge, R.; Ebeling, A.:** Handbuch für den Mathematikunterricht. 2. Schuljahr. Hannover: Schroedel Verlag 1998.

- **Senftleben, Hans-Günter:** Aufgabensammlung für das große Geobrett. Hamburg: Rittel Verlag 2001.

- **Ministerium für Schule und Weiterbildung des Landes Nordrhein-Westfalen:** Richtlinien und Lehrpläne für die Grundschule. Ritterbach Verlag GmbH 2008.